防灾应急避险科普系列

洪涝避险手册

《洪涝避险手册》编写组　编

中国城市出版社

图书在版编目（CIP）数据

洪涝避险手册/《洪涝避险手册》编写组编 . —北
京：中国城市出版社，2023.4
（防灾应急避险科普系列）
ISBN 978-7-5074-3598-6

Ⅰ.①洪… Ⅱ.①洪… Ⅲ.①水灾—灾害防治—手册
Ⅳ.①P426.616-62

中国国家版本馆 CIP 数据核字（2023）第 068272 号

责任编辑：刘瑞霞　毕凤鸣
责任校对：董　楠

防灾应急避险科普系列
洪涝避险手册
《洪涝避险手册》编写组　编
*
中国城市出版社出版、发行（北京海淀三里河路9号）
各地新华书店、建筑书店经销
华之逸品书装设计制版
天津图文方嘉印刷有限公司印刷
*
开本：880 毫米×1230 毫米　1/32　印张：1¼　字数：36 千字
2023 年 4 月第一版　　2023 年 4 月第一次印刷
定价：**25.00** 元
ISBN 978-7-5074-3598-6
（904622）

序
Preface

　　我国是世界上自然灾害最为严重的国家之一，灾害种类多，分布地域广，发生频率高，造成损失重，这是一个基本国情。特别是随着全球极端气候变化和我国城镇化进程加快，自然灾害风险加大，灾害损失加剧。我国发展进入战略机遇和风险挑战并存、不确定和难预料因素增多的时期，各种"黑天鹅""灰犀牛"事件随时可能发生。可以说，未来将处于复杂严峻的自然灾害频发、超大城市群崛起和社会经济快速发展共存的局面。同时，各类事故隐患和安全风险交织叠加、易发多发，影响公共安全的因素日益增多。

　　"人民至上、生命至上"是习近平新时代中国特色社会主义思想的重要内涵，也是做好防灾减灾工作的根本出发点。我们必须以习近平新时代中国特色社会主义思想为指导，坚定不移地贯彻总体国家安全观，健全国家安全体系，提高公共安全治理水平，坚持安全第一、预防为主，建立大安全大应急框架，完善公共安全体系，推动公共安全治理模式向事前预防转型。

　　要防范灾害风险，护航高质量发展，以新安全格局保障新发展格局，牢固树立风险意识和底线思维，增强全民灾害风险防范意识和素养。教育引导公众树立"以防为主"的理念，学习防灾减灾知识，提升防灾减灾意识和应急避险、自救互救技能，做到主动防灾、科学避灾、充分备灾、有效减灾，用知识守护我们的生命，筑牢防灾减灾救灾的人民防线。这不仅是建立健全我国应急管理体系的需要，也是对自己和家人生命安全负责的一种具体体现。

综上所述，我们在参考相关政策性文件、科研机构、领域专家和政府部门已发布的宣教材料的基础上，借鉴各地应急管理工作实践智慧和国际经验，充分考虑不同读者的特点，分别针对社区、家庭、学校等读者对象应对地震灾害、地质灾害、气象灾害、火灾等，各有侧重编写了相关的防灾减灾、应急避险、自救互救知识。可以说，本次推出的"防灾应急避险科普系列"（6册）之《社区应急指导手册》《家庭应急避险手册》《校园应急避险手册》《地震避险手册》《洪涝避险手册》《火灾避险手册》是为不同年龄、不同职业、不同地域的读者量身打造的防灾减灾科普读物，具有很强的科学性、针对性和实用性，旨在引导公众树立防范灾害风险的意识，了解灾害的基本状况、特点和一般规律，掌握科学的防灾避险及自救互救常识和基本方法，提高应对灾害的能力，筑牢高质量发展和安全发展的基础。

2023年4月

前　言
Foreword

　　我国大部分地区位于东亚季风气候区，降雨集中、洪涝灾害频发，灾害导致大量的人员死亡及财产损失。全国因涝受灾人口、死亡失踪人口、倒塌房屋间数、直接经济损失、农作物受灾面积随我国洪水事件的频率和强度处于持续增加态势。

　　据有关数据显示，2010—2021年，全国各省（自治区、直辖市）均遭受不同程度洪涝灾害，约109107万人受灾，1.1万人因灾死亡或失踪，近550万间房屋倒塌，直接经济损失逾28564亿元。2021年极端降雨事件频发，我国洪涝灾害造成5901万人次受灾，占全国自然灾害受灾人口总数的15%，占比最大。

　　气候变化和快速城市化的叠加作用极大地改变了洪涝灾害的孕灾环境与成灾机理，洪灾及其次生灾害会在灾后很长一段时间制约经济生产活动，这些不确定性都意味着防汛救灾应急能力需要不断加强，要不断引导公众树立防范洪涝灾害风险的意识，提高科学应对洪涝灾害的能力。鉴于此，我们在参考大量资料、总结一些洪涝灾害以及多次成功避险案例的基础上，组织编写了这本《洪涝避险手册》，力求通过通俗易懂的内容和图文并茂的形式，从灾前预防准备、灾中自救互救、应对次生灾害等方面，教育引导公众充分认识洪涝避险的重要性，掌握必要的应急求生技能，从而降低洪涝灾害对我们可能造成的损失。

本书由董青、张宏、管志光编写,屈小艺、张宇、红果绘图。希望本书能为增强公众减灾意识、提高全社会灾害风险防范能力做出贡献。

对书中存在的疏漏和不足，敬请专家和读者批评指正。

编者

2023年4月

目 录
Contents

一 正确认识洪涝现象

（一）　掌握洪涝灾害知识 …………………………… 002

（二）　培养洪涝避险意识 …………………………… 003

（三）　洪涝灾害预防预警 …………………………… 004

二 做好家庭应急准备

（一）　配备家用应急物资 …………………………… 008

（二）　制订家庭应急方案 …………………………… 011

（三）　熟悉应急避难场所 …………………………… 014

三 有效防范应对洪涝灾害

（一）　暴雨预警信号 ………………………………… 018

（二）　洪涝来临注意事项 …………………………… 020

（三）　洪涝避险方法 ………………………………… 021

四 积极进行自救互救

（一） 在洪水来临前，及时转移避险 …………… 032

（二） 洪水来了，设法进行自救 …………… 034

（三） 有人遇险，尽力抢救生命 …………… 038

五 科学应对次生灾害

（一） 遭遇泥石流怎么办 …………… 042

（二） 遭遇山体滑坡怎么办 …………… 044

（三） 发生疫情怎么办 …………… 046

正确认识洪涝现象

- 掌握洪涝灾害知识
- 培养洪涝避险意识
- 洪涝灾害预防预警

一

掌握洪涝灾害知识

洪涝，指因大雨、暴雨或持续降雨使低洼地区淹没、渍水的现象，主要由气候异常，降水集中、量大而引发。我国的洪涝主要发生在长江、黄河、淮河、海河的中下游地区。

只有当洪水发生在有人类活动的地方才能成灾，并可能导致泥石流等次生地质灾害。洪涝灾害具有双重属性，既有自然属性，又有社会经济属性。

洪水可分为河流洪水、湖泊洪水和风暴潮洪水等。河流洪水因成因不同分为以下几种类型：

暴雨洪水。由较大强度的降雨形成，又简称雨洪，是最常见、威胁最大的洪水。

山洪。强降雨后山区溪沟中发生暴涨暴落的洪水，具有突发性、雨量集中、破坏力强等特点，常伴有泥石流、山体滑坡、塌方等次生灾害。

融雪洪水。主要发生在高纬度积雪地区或高山积雪地区。

冰凌洪水。常发生在黄河、松花江等北方江河中。由于河道中的某一河段由低纬度流向高纬度，在气温回升时，低纬度河段上游先解冻，而高纬度仍在封冻，上游来水和冰块堆积在下游河床，形成冰坝，造成洪水泛滥；河流封冻时也可能产生冰凌洪水。

溃坝洪水。大坝或其他挡水建筑物发生瞬时溃决，水体突然涌出，给下游地区造成灾害。

 （二）培养洪涝避险意识

必须树立防范暴雨洪涝灾害风险的意识。平时要学习掌握洪涝避险、自救互救知识，提高应对洪涝灾害的心理素质和能力。有了防洪这根弦，就增加了一份家庭安全系数。

每年5月12日是全国"防灾减灾日"，5月12日所在的周为"防灾减灾宣传周"。届时各级减灾委、应急管理、水利、地震等部门，通过制作防洪减灾科普挂图、播放防洪减灾知识影片、利用群众集会适时发放防洪减灾材料、开展防洪减灾知识竞赛、进行紧急避险与疏散演练等方式，广泛开展防洪减灾宣传教育，向社会公众介绍防洪防涝、应急避险、自救互救等方面的知识。我们要抓住这个机会，积极参加各种宣传活动，主动向宣传人员领取宣传材料，咨询心中困惑，用知识守护我们的生命，让安全永驻每个家庭。

(三) 洪涝灾害预防预警

（1）重视预防排除隐患

建房应该选择在平整稳定的山坡和高地，要远离河滩及沟谷等低洼地带。严禁乱砍滥伐、乱采乱挖，毁林开荒等破坏自然生态的行为。发现高压线铁塔倾斜或者电线断头下垂时，一定要迅速躲避，防止触电。

（2）关注汛期天气预报

我国建立了相应的洪涝预警机制。汛期到来尤其是暴雨

气象台发布暴雨黄色预警，局地降雨将达 50 毫米以上，请广大市民合理调整出行，注意防范。

来临时，应及时收听、收看气象部门通过电视、广播、报刊等媒体发布的天气预报与气象预警信息，并根据预报采取相应的防御措施。做好家庭和个人的防灾减灾准备，可利用通信工具，上网查看或者拨打气象声讯服务电话，及时了解当地可能出现的各种天气变化。切忌盲目乐观或者麻痹大意，保持高度的警惕性才能有备无患。

（3）提前储备防汛物资

必要的防汛物资准备，可以大大提高避险的成功率，但不要准备过多过杂的物品造成外出避险的负担。平时应注意多

学习一些防灾减灾知识，做好家庭防护准备，有备无患。洪涝灾害常常来势汹汹，往往难以避免，公众不应抱有侥幸心理，应常备不懈，将灾害损失降到最低。

做好家庭应急准备

- 配备家用应急物资
- 制订家庭应急方案
- 熟悉应急避难场所

二

配备家用应急物资

（1）家庭防汛应急包

准备一个家庭防汛应急包，放在方便能取到的地方。物品清单如下。

多功能手电筒。这种手电筒集手摇充电电筒、手摇手机充电、报警器或闪光求救（一红灯和一蓝灯）、高灵敏高保真收音机、高亮LED灯为一体。

求救警哨。这种铁哨用于火灾、地震、行车突发事件等紧急情况下的求救，应放于固定位置，遇灾时随身携带。需注意清洗后干燥保存。

点塑防滑手套。这种手套最好是全棉制作、防滑耐磨、透气吸汗的。

多功能雨衣。这种雨衣除可用来防雨外，还可以用四角配制的铝环拉起作为简易的遮雨棚或者遮阳棚使用，展开面积为125厘米×210厘米，下面可以容纳3～5人。另外，也能作为接水布使用，当遇到突发灾难，水匮乏或者水源遭到污染时，可以用来接雨水，通过净水片过滤后使用。使用后应及时晾干、折叠保存。注意防止锐器对雨衣的损坏。

防风打火机。防风打火机具备防风功能，可在应急情况下作为火种使用。如遇到突发灾难，寒冷天气被困野外，可点火取暖或做其他使用。

多功能军用铲。这种铲包括铁锹、斧头、野外专用刀、野外专用锯四大主要部件，另有开瓶器等多种小功能部件，强度高、功能全、携带方便。

折叠式水桶。折叠式水桶是采用防水布制作的，折叠后体积小，结实耐用。可以用来盛水、油等液体。

军用压缩饼干。压缩饼干是军用单兵野战口粮，专供军队在野战环境下使用，热量高、重量轻、体积小，便于携带。该口粮除供给人体所需要的营养和热量外，还具有显著的调动人体内脂肪和提神抗疲劳作用。在应急情况下，一箱90式军用单兵野战口粮（5千克）可供一个人160天最低生命维持量，一小包也可以使人支持半个月。

应急保温毯。应急保温毯主要用于在烈日或严寒下，保护身体避免阳光直接照射或保持人体热量的80%以上。

长明蜡烛。这种蜡烛是特殊应急防灾定制的，单支可燃烧15～18小时。

应急逃生绳。当发生水灾，人员被水所困时，可以将安全绳连接到救生圈上，根据实际情况进行转移。

净水片。净水片能够在30分钟内清除水中的细菌、病毒以及原生生物，净化后的饮用水可保质长达6个月。

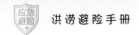

救生圈、救生衣等。

（2）汽车洪涝逃生应急包

有汽车的家庭应在车中准备一个逃生应急包，除了家用常备的收音机、哨子、手电筒、救生衣和救生圈外，还应有应急锤和五金工具箱，可以帮助我们在车辆溺水时打开车门逃生。主要物品清单如下。

多功能手电筒。这种手电筒集手摇充电电筒、手摇手机充电、报警器或闪光求救（一红灯和一蓝灯）、高灵敏高保真收音机、高亮LED灯为一体。

求救警哨。铁哨，用于暴雨洪涝、地震、行车突发事件等紧急情况下的求救。

救生衣、救生圈。救生衣、救生圈穿在身上具有足够浮力，被困时头部能露出水面。

应急锤。应急锤通常放在汽车、火车和公共汽车上，锤子设计得足够紧凑，可以放在手提箱里或座位下面，但强度足以穿透玻璃，以帮助司机和乘客在车辆溺水时逃生。有些应急锤子还配有小剃刀或剪刀，当安全带缠在一起时用它来切断。

五金工具箱。五金工具箱包括扳手、钳子、锤子等工具，可以帮助我们在车辆被水淹没时打开车门逃生。

医疗应急箱。医疗应急箱要备好常用的抗生素、感冒药，治疗皮肤病、炎症的常用药品及外科常用药。

制订家庭应急方案

制订一套行之有效的家庭灾害应急方案，可以让每个家庭成员明白当灾难或紧急情况来临时，他们应该采取什么样的措施规避危险，家人不在一起时如何取得联系；知道灾前、灾中和灾后如何做，平常应该准备什么，并且训练有素。这是保护自己、保护家人最好的准备和应尽的责任。

（1）熟悉社区环境

了解本地区和家庭周围可能存在的洪涝灾害风险，知道家庭周围曾经发生过哪些洪涝灾害、历史最高水位等信息，分别造成了哪些危害，如何防范和应对这些灾害事件。寻找家庭中的安全盲点，知道如何帮助老人、孩子和残障人士。关心并经常参与社区灾难应对和急救知识培训班，了解本地区、本社区、本单位和子女所在学校的应急方案，知道社区应急避难场所的位置和到达路线。

（2）制订应急方案

召开家庭会议，家庭成员聚在一起，协商制订适合自家的灾害应急方案，每年开展一次相应演练。

①紧急疏散路线

确定从家中各个房间安全撤离到户外安全地带的路线。尽量为每个房间确定两条疏散路线。如果住在高层住宅中，不要设想在撤离时乘坐电梯。

确认每个家庭成员都熟知疏散路线，并能准确、迅速撤离。最好家庭成员都能徒步从每个房间走向逃生出口，以确定所有的逃生出口可以正常使用。记住，每年至少演练一次。

②家庭成员集合处

确定发生灾害或出现紧急状态时家庭成员集合的地方。这个地方应当就在住宅附近，而且与住宅位于街道的同侧。这样可以避免紧急状态时穿越繁忙的道路，也不要将家庭成员集合处选在消防通道上。

将重要的家庭文件或证件，如身份证、护照、保险合同、结婚证等复印并装袋密封。将它们放在安全的地方，并且能够在紧急状态时安全、便捷地携带至户外。也可以将它们放在其他安全的地方，如银行保险箱。

③家庭紧急联络人

在居住地和外地（不受同一紧急事件影响的市、区或县）各选择一位家庭紧急联络人。这样，事故发生时，家庭成员可以通过这两位固定的联络人迅速取得联系。

④信息联络卡

为每位家庭成员准备一张信息联络卡（老人和儿童尤其需要），上面记录姓名、家庭地址、联系电话、年龄、血型、既往病史等信息。信息卡应该每年更新，并在工作单位或亲戚朋友处备份。

⑤了解相关信息

了解周围常见灾难应对措施，做到心中有数。

了解社区应急预案，相应调整自我应急计划。

了解社区灾难预警系统，关注社区信息发布途径，以便及时获得信息。

参加援助项目，在本社区登记个人情况，便于灾难发生时专人上门服务。

记下本地公安、消防、急救等部门和红十字会的地址与电话，并将"家庭紧急联络人"的号码和常用报警号码贴在家中电话机上或近旁。

⑥核对安全事项

让家人都知道电源总开关位置，并学会如何在紧急情况下切断总电源。

家中勿堆积易燃易爆物品。

检查家中电线有无老化、裸露甚至开裂等现象。

在室内玻璃上粘贴胶纸，以防玻璃破碎飞溅造成意外伤害。

灯具须远离窗帘、衣物等易燃物品。

避免将盛水的花瓶、水杯等容器放置在电视机或影音器

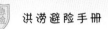

材上。

不要在衣橱等高处堆放行李箱等重物，以免坠落伤人。

准备家庭应急包并储存家庭应急物品。

确定家庭中的应急避难点或"安全房间"。

至少每半年给孩子们讲述一次家庭安全知识，以免他们忘记。

窗户应保持开关自如。

每个房间都要找出至少两条逃生路线，如通过房门逃生或借助窗外管道逃生。

排查家中其他的安全盲点。

（三）熟悉应急避难场所

生活在洪水易发区的居民，应在平时观察、留心周围所处的地形地貌，了解和熟悉可以躲避洪水的安全地点，并且以最快、最通畅的路线到达这个安全地点。

灾害避难场所是为应对突发性自然灾害和事故灾难等，用于临灾时或灾时、灾后人员疏散和避难生活，具有应急避难生活服务设施的一定规模的场地和按应急避难防灾要求新建或加固的建筑。

应急避难场所按照功能等级可划分为：

　　紧急避难场所：一般会配有应急休息区、厕所、交通标志、照明设备、广播、垃圾收集点。

　　固定避难场所：除包含紧急避难场所的配置外，还包含住宿区、物资发放区、医疗卫生救护区。

　　中心避难场所：比较长期的固定避难场所，并单独设置应急停车区、应急直升机停机坪、应急通信设施、应急供电设施等。

（1）选址

　　避难场所选择的位置需要有宽阔的空地，需要方便集合周围的人，可以选择公园、绿地、广场、体育场、停车场、学校操场或其他空地。要避开地质灾害多发的地段，优先选择易于搭建临时帐篷和易于进行救灾活动的安全地域，要为避难场所创造良好的防火、治安、卫生和防疫条件，使其不易受到次生灾害的影响。

（2）配套设施和功能布局

　　避难场所要提供临时用水、排污、消防、供电照明设施及临时厕所等应急设施，有条件的还应设置避难人员的栖身场所、生活必需品与药品储备库、应急通信与广播设施及医疗设施等。

　　应急避难场所应有两个以上的进出口，便于进出。车辆与行人的进出口应尽可能分开。此外，应针对不同人群进行设计，分为成人和孩子，并针对老弱病残等弱势群体的特殊要求进行各种无障碍设计，明确应急指示标牌、疏散路径，在避难

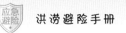

场所、关键路口等设置醒目的安全应急标志，帮助居民快速找到避难场所。

（3）应急指示标牌

应急指示标牌是标明安全设施或场所等的图形标志。

（4）快速找到避难场所

应急避难场所一般会选在既有宽阔的空间又能方便集合周围人群的地方，如公园、绿地、广场、体育场、学校操场和停车场等。为及时找到、正确使用应急避难场所，要做到以下几点：

熟悉居住地的周围环境，平时注意了解并熟悉所在地理位置、应急疏散路线图、避难场所出入口设置、应急避险指示标识及避难场所设施使用注意事项等。

应急疏散时，采取就近原则，迅速到达最近的避难场所。减少对外部紧急救援的依赖，缩短依赖外部救援的时间。

可通过相关政府网站或者公众号查询、用地图软件搜索应急避难场所的相关信息。

赶往应急避难场所时最好带上应急物品，应急避险时如有广播，应仔细倾听，遵循广播指引的疏散路线和注意事项。

居民平时应积极参与应急避险培训和演练，提高自救互救意识和技能等。

除正规建设和标识的应急避难场所外，在紧急情况下，学校、开阔地、小公园等地方也能作为临时避难场所。

有效防范应对洪涝灾害

- 暴雨预警信号
- 洪涝来临注意事项
- 洪涝避险方法

三

暴雨预警信号

暴雨预警信号分四级，分别用蓝色、黄色、橙色、红色表示，应针对不同颜色的预警级别采取相应的措施避险。

暴雨预警信号

（1）暴雨蓝色预警

标准：12小时内降雨量将达50毫米以上，或者已达50毫米以上且降雨可能持续。防御指南：

政府及相关部门按照职责做好防暴雨的准备工作。

学校、幼儿园采取适当措施，保证学生和幼儿安全。

驾驶人员应当注意道路积水和交通阻塞，确保安全；

检查城市、农田、鱼塘排水系统，做好排涝准备。

（2）暴雨黄色预警

标准：6小时内降雨量将达50毫米以上，或者已达50毫米以上且降雨可能持续。防御指南：

政府及相关部门按照职责做好防暴雨的准备工作。

交通管理部门根据路况在强降雨路段采取交通管制措施，在积水路段实行交通引导。

应切断低洼地带有危险的室外电源，暂停空旷地带户外作业，转移危险地带人员和危房居民到安全场所避雨。

检查城市、农田、鱼塘排水系统，采取必要的排涝措施。

（3）暴雨橙色预警

标准：3小时内降雨量将达50毫米以上，或者已达50毫米以上且降雨可能持续。防御指南：

政府及相关部门按照职责做好防暴雨应急准备工作。

应切断有危险的室外电源，暂停户外作业。

处于危险地带的单位应当停课、停业，采取专门措施保护已到校学生、幼儿和其他上班人员的安全。

做好城市、农田的排涝，注意防范可能引发的山洪、滑坡、泥石流等灾害。

（4）暴雨红色预警

标准：3小时内降雨量将达100毫米以上，或者已达100

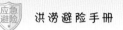

毫米以上且降雨可能持续。防御指南：

政府及相关部门按照职责做好防暴雨应急和抢险工作。

停止集会、停课、停业（除特殊行业外）。

做好山洪、滑坡、泥石流等灾害的防御和抢险工作。

 （二）洪涝来临注意事项

（1）一切行动听指挥

当接到有关洪水灾害的警报时，要听从当地政府的统一安排，及时行动，准备防汛物资，做好撤离准备，检查各种防范措施是否落实到位或提前转移到安全地带。不要相信、传播不利于防汛救灾的言论，维护社会稳定。

（2）临危不乱寻生机

暴雨极易引发洪水。当洪水来袭时，我们可能被困在树上、屋顶上，这时要保持冷静，积极主动寻求生存机会，在洪水汹涌时，切不可下水。如不慎落水，应该抓紧漂浮物以增加生存机会。面对滚滚波涛，互帮互助也是摆脱困境的有效手段。

 洪涝避险方法

(1)遭遇持续性暴雨怎么办

立刻采取措施。收到持续性强暴雨警报后，应立刻采取措施。

检查房屋安全状况。应立即检查自己所处房屋的安全状况，如果房屋危旧或处于低洼地带，应迅速转移。

提前收盖露天晾晒物品，储备沙袋等防汛物资、生活物资。

减少不必要的外出。尽量减少不必要的外出活动，以免生命安全受到暴雨、洪水的威胁。

采取必要的防范措施。为防止洪水涌入屋内，首先要堵塞门的缝隙，旧地毯、旧毛毯都是理想的塞缝隙的材料。还要在门槛外堆放沙袋，以阻止洪水涌入。要用胶带纸密封所有的

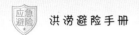

门窗缝隙，可以多封几层。老鼠洞穴、排水洞等一切可能进水的地方都要堵死。

准备必要的食品和应急物品。尽可能多准备饮用水、罐装果汁和保质期长的食品，并捆扎密封，以防发霉变质。准备好日用品、保暖衣物，以备急需。准备好常用的抗生素、感冒药、治疗皮肤病和眼病的常用药品，以及外科常用药。特别是家中有患高血压、糖尿病、心脏病的病人，应准备好应急药品。

制作临时救生装置。根据身边条件，可采取下述方法制作救生装置：挑选油桶、储水桶等体积大的容器，倒出原有液体后，重新将盖盖紧、密封；扎制木排、竹排；搜集木盆、木材、大件泡沫塑料等可漂浮的材料，以备急需；把空饮料瓶、木酒桶或塑料桶等具有一定漂浮力的物品捆扎在一起；搜集有漂浮力的树木或桌椅板凳、箱柜等木质家具。

准备用于通信联络的物品。可以准备如手电筒、蜡烛、镜子、打火机等照明用具，颜色鲜艳的衣物及哨子等可以做信号的物品。准备一台无线电收音机，以备通信中断后能及时了解有关信息。汽车加满油，以保证随时可以开动。

妥善放置物品。将不便携带的贵重物品做防水捆扎后埋入地下或放到高处，票款、首饰等小件贵重物品可缝在衣服内随身携带。

了解洪水信息，随时撤离。根据电视、广播等媒体提供的洪水信息，结合自己所处的位置和条件，冷静地选择最佳路线撤离，避免出现"人未走水先到"的被动局面。

明确撤离地点。认清路标，明确撤离的路线和目的地，避免因为惊慌而走错路。

拉断电源，以防触电。为防止其他意外伤害，选择在室内避水者，应在室内进水前及时拉断电源，以防触电。遇到打雷时要注意避雷。

不要贸然涉水。如果路面开始积水，切记不要贸然涉水。一是在有斜坡的路面上可能形成急流，要谨防被水流冲倒；二是部分井盖可能被掀起，行人不小心就可能掉入井管，不得不涉水行走时，务必注意观察水面流速以及水面有无漩涡，有

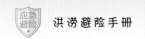

漩涡就意味着水下有敞口的井管；三是谨防水体带电，脚上一旦感觉发麻，必须赶紧后退，脱离带电的水体。

（2）暴雨时出行怎么办

洪水暴发时，通常还伴有暴雨雷电等天气情况。如何在暴雨天气下出行，行人和车辆要注意以下事项，从而避免出现意外。

①行人暴雨出行应注意

暴雨来临前，要找好一个安全的地方，或选择地势较高位置避雨，并停留至暴雨结束为止。暴雨中的安全地方是指牢固的、地势较高的建筑物。

暴雨开始时，若所处地段危险须报告位置。如果暴雨已经开始，自己所处位置危险，要尽可能联络家人，告知自己的具体位置，以便在出现突发情况时可以救援。

如果路面积水，应站在安全处，切勿贸然涉水。因为部分井盖可能被掀起但行人难以察觉，所以宁愿停在路中淋雨，也不要试图过水。

暴雨伴随雷电时，手机应关机，扔掉带金属雨伞。此外，在室外切勿使用手机。

雷雨天气出行，不要与路灯杆、信号灯、空调室外机、落地广告牌等金属部分接触。可选择一处地势较高的位置避雨。

留意周围是否有电线，保持距离，避免触电事故。不要靠近或在架空线和变压器下避雨，因为大风有可能将架空电线刮断，而雷击和暴雨容易引起裸线或变压器短路、放电。暴雨持续时，及时评估藏身之处的安全性。尤其是容易发生泥石流的地区，要保持警惕，注意外界动向，随时更换躲避场所。

注意墙体结构，远离不牢固的围墙。在躲避暴雨时，要远离建筑工地的临时围墙和建在山坡上的围墙，也不要站在不牢固的临时建筑物旁边。

②车辆暴雨出行应注意

特大暴雨降临时，不能待在车里躲雨。一旦发现路面有可能积水，要做好下车准备，或者将车停靠在马路旁边，寻找安全处所进行躲避。

行驶过程中，尽量慢行，将近光灯及前后雾灯都打开，遇到积水路段，要事先判断路面积水的深浅后，再考虑能否通过。在积水区行驶时，应该启动低速档，尽可能不停车、不换档。

如果已经驶入积水区域，并且车辆拥堵无法前进时，降下车窗，防止分电器被水淹之后雨刷停止工作而观察不到外界情况；解锁车门，试试看车门能否打开。多观察水线位置和前车情况，准备逃离。

切勿驶入急流中，即使水深不足半米。某些路段因为地势的原因，积水可能会在路面以较快速度流动，这种路面急流即使水位不深，也不要随意驶入。有实验证明，水深达到30厘米时，大部分民用车辆会丧失抓地力；水深达到60厘米时，车辆很容易被冲走，危险状况与车辆类型无关。

车辆在水中熄火应立即离开，切勿重新打火。若车辆在水中熄火，说明水位已高过进气口，应立即离开车辆向高处转移，切勿守在车内。也不要尝试重新打火，此举将使发动机进水损坏，并且得不到保险公司赔付。

被困车内时，如果可以打开车门，应迅速逃离。当水达到车门钢板的1/5时，车里还没有进水，如果车锁事先打开过，就能轻松打开车门逃生；当水到达车门钢板的1/2时，脚踝在水中被完全淹没了，水的压力增大，这个时候车门还是能够打开的；当水将车门钢板完全淹没时，车门还是能够打开的，但需要很用力才能推开车门。

如果车门被锁死，第一时间选择破窗逃离。安全锤是最重要的逃生工具，安全锤一定要随车携带。手握安全锤，用安全锤两端尖锐的部位对着车窗的右下角方向砸下去。通常情况下，一锤下去，玻璃的一角就会呈现出网状，再砸一下，整块玻璃就会凸出去，然后用手轻轻向外推，玻璃就会落到地上，时间不会超过10秒。

如果车上没有安全锤，可以将汽车座椅上的头枕拔下来，将金属插杆插入车窗下方的密封条里，用力将整个玻璃向外撬。这个自救方法虽然也能达到目的，但需要驾驶员有足够大的力气，而且金属插杆插进密封条要耗费很长时间，所以最好车中装有安全锤。另外，还要记住一点：这种方法只能撬玻璃，不能砸玻璃。

出口解决以后，不要急着往外爬。车窗被打破后，碎玻璃很有可能割伤身体，可以使用脚垫、衣物等垫在尖锐断茬处。玻璃砸烂以后，水会向车内涌入，这时需要背对着车外，先将头部和上身探出来坐到车窗上面，双腿平衡放置，然后猛推车顶，借助水的力量钻出车窗。

（3）暴雨雷电交加怎么办

在室内要立即关闭门窗，防止大雨及侧雷进入房间。房间的正中央较为安全，切忌停留在电灯正下面，忌倚靠在柱子、墙壁、门窗边，同时要远离天线、水管、铁丝网、金属门窗等物体，以免因打雷时产生的感应电而致意外。

应立即停止户外活动，迅速回到室内躲避。若在路上时要尽可能绕过积水严重地段，防止跌入窨井及坑、洞中；不要惊慌、乱跑，以免因出汗散热产生电荷而遭雷击。

如不能立即回到室内，除了用雨衣等雨具避雨外，可到

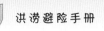

有防雷设施的场所躲避。不要使用金属柄雨伞，要摘下金属架眼镜、手表、腰带。如不得已在大树下避雨，要与树干保持3米以上的距离。

在户外，如有雷电袭来，应在低洼地方蹲下，双臂抱膝，双腿靠拢，胸口紧贴膝，尽量低下头，以防受到雷击。

行车时一定要服从交警指挥，打开前后雾灯，将雨刷器调到最快，做到不停车、不换档、不收油门、不加速、不拐弯，平稳驾驶。一旦车在水中熄火，要尽快拖离积水区。

雷雨天不要使用电视机、电脑、空调等家电，更不要用手机接打电话，在空旷的环境中应将手机处于关闭状态。

外出时要穿胶鞋，披雨衣，以起到绝缘作用。不要穿着湿衣、湿鞋或戴着湿帽等在雷雨中走动。在室外时，人与人之间不要挤靠，以防被雷击中后因电流互相传导而伤人。

不要在空旷的野外停留，不要到大树下、高出地面的棚舍和草垛处避雨；不要把锄头、铁锹等工具放在身边；更不能到池塘钓鱼、游泳；同时，要远离孤立的大树、高塔、电线杆、广告牌等，以免受到雷击。

(4) 在洪涝易发区怎么办

生活在洪涝易发区的居民平时要多学习一些防灾减灾知识，养成汛期及时关注天气预报的科学生活习惯，随时掌握天气变化，做好家庭防护准备，确保自身及家人安全。

在平时学会观察、留心自己周围的地形地貌，为自己备选一个一旦洪水到来时可以躲避的安全地点，以及熟悉到这个安全地点的路线。

密切注意汛期的洪水情报，服从防汛指挥部门的统一安排，及时开展避险行动。

家中常备如船只、木阀、救生衣等可以安全逃生的物品，并在汛期到来前检查是否可以随时使用。

地处洼地的居民要准备沙袋、挡水板等物品，或砌好防水门槛，设置挡水土坝，以防止洪水进屋。

平房或地势低洼地带的居民，可在大门口、屋门前放置挡水板、沙土袋等，防止洪水进入院落或屋内。

居住在水库下游、山体易滑坡地带、低洼地带、有结构安全隐患房屋等危险区域的人群应立即转移到安全区域。

被洪水浸泡过的房屋不要马上入住，应进行安全检查确认没有问题后再入住，厨具要消毒后使用。

暴雨易引发泥石流、山洪，在沟谷内游玩时遇暴雨不要到低洼的山谷和险峻的山坡下躲避。发现泥石流、山洪来时，不要顺着山沟往下跑，要向垂直方向的两面山坡爬，离开沟道、河谷地带。

（5）遭遇突发山洪怎么办

山洪是山区溪沟中发生的暴涨洪水，具有突发性、水量集中且流速大、冲刷破坏力强等特点。山洪的水流中往往裹挟着泥沙甚至石块等，它和所诱发的泥石流、滑坡等常会造成人

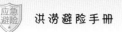

员伤亡，房屋、田地、道路和桥梁毁坏等，甚至有可能导致水坝、山塘溃决，造成非常严重的危害。

当遭遇突发山洪时，一定要保持冷静，迅速判断周边环境，尽快向山坡、楼房或较高地方转移。如一时躲避不了，应选择一个相对安全的地方避洪。

山洪暴发时，不要沿着行洪道方向跑，而要向两侧快速躲避。切记不可向低洼地带和山谷出口转移，也千万不要轻易涉水过河。

当被山洪困在山中，应及时与当地政府、应急管理及防汛部门取得联系，寻求救援。

雨季要经常关注气象预报和权威部门发布的灾情信息，密切关注和了解所在地的雨情、水情变化，事先熟悉居住地所处的位置和山洪隐患情况，确定好应急措施与安全转移的路线和地点。

注意观察山洪到来前兆，例如井水浑浊、地面突然冒浑水等现象。

积极进行自救互救

- 在洪水来临前，及时转移避险
- 洪水来了，设法进行自救
- 有人遇险，尽力抢救生命

四

（一）在洪水来临前，及时转移避险

严重的水灾通常发生在河流、沿海以及低洼地带。如果住在这些地方，遇到风暴或暴雨，必须格外小心。应时刻关注天气预报与气象预警信息，收拾好物品随时准备转移。了解所在社区的防汛应急预案和应对流程，以便在灾害来临前后更好地避险自救。

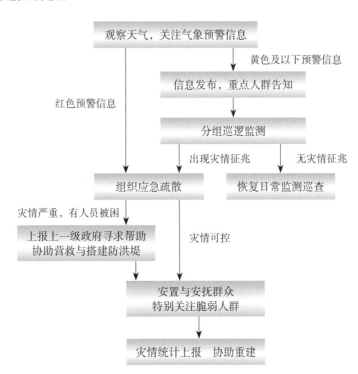

避难场所的选择不容忽视。了解所在社区的应急避难场所位置和路线。如果所在社区还没有应急避难场所，可以自己先选择一处。应急避难场所一般应选择在距家最近、地势较高、交通较为方便的地方，这些地方应有上下水设施，卫生条件较好，与外界可保持良好的通信、交通联系。

避难者还要认清路标。有条件的地方应制作防汛避险地图，标明逃生路线和应急避难场所，平时应加强演练。在那些洪水多发的地区，政府修建有避难道路。一般来说，避难道路应是单行线，以减少交通混乱和阻塞。在避难道路上设有指示前进方向的路标，避难人群应识别好路标，避免盲目走错路，再往回折返，与其他人群产生碰撞、拥挤等不必要的混乱。

城市中的避水相对比较容易。因为许多高层建筑的平坦楼顶，地势较高或有牢固楼房的办公楼、学校、医院，以及地势高、条件较好的公园等地方都可以作为避洪场所。需注意观察有无电线被狂风刮断，如有，则要远离以免触电。

农村的避难场所大体有两类：一是大堤上，但那里卫生条件差，缺少上下水设施，缺乏直接饮用水；加之人畜吃喝、排泄都在一处，生活垃圾堆积，时间一长，极易染上疾病；二是村对村、户对户，邻近村与受灾村结成长期的"对手村"关系，在洪水多发的乡村，政府通过发放卡片方式形成"对手户"，为灾区群众提供避难所。这是其他国家所不具备的，是我国人民在与洪水长期斗争中保留下来的良好传统。

（二）洪水来了，设法进行自救

洪水来临时，如果来不及转移，就要向山坡、高地、楼房避洪台等高一些的地方转移，或立刻向屋顶、楼房高层、大树、高墙等地势高的地方暂避。例如，在基础牢固的屋顶搭建临时帐篷，或在大树上筑棚、搭建临时避难台等。身处危房时，要迅速撤离，寻找安全、坚固的处所避险。

（1）遭遇洪水怎么办

如果被洪水围困，被困者一定不要表现绝望或者消极等待救援，而应积极、主动地寻求生机。

①在家中或建筑物上

首先要堵塞门的缝隙，旧地毯、旧毛毯都是理想的堵塞缝隙的材料，还要在门槛外堆放沙袋，阻止洪水涌入。沙袋可以自制，以长30厘米、宽15厘米为佳，也可以用塑料袋塞满沙子、泥或碎石，做成沙袋。如预料洪水会涨得很高，那么底层窗台外也要堆上沙袋。

如果洪水不断上涨，在短时间内不会消退，应在楼上储备一些食物及必要的生活用品，如饮用水、炊具、衣物等，还要携带火柴或打火机，必要时用来生火。

如果洪水继续迅速猛涨，使人不得不躲到屋顶或爬到树

上。此时要收集一切可用来发出求救信号的物品，如手电筒、哨子、旗帜、鲜艳的床单、破油布（用以焚烧）等。及时发出求救信号，以争取被营救。

可以用绳子或被单等物品将身体与烟囱、树木等固定物相连，以免被洪水卷走。除非洪水可能冲垮建筑物或水面没过屋顶使人被迫撤离，否则待着别动，等洪水停止上涨再逃离。

如果洪水的水位线持续上升，暂避的地方不能自保，就要快速寻找一些门板、桌椅、木床、大块的泡沫塑料等能够在水上漂浮的材料，利用这些材料做成简单的"筏"进行逃生。不到迫不得已不可乘木筏逃生，乘木筏是有危险的，尤其是对于水性不好的人，遇上汹涌洪水，很容易侧翻。此外，爬上木筏之前一定要试验其浮力，并带上食物和船桨以及发信号的工具。

受到洪水围困时，要想方设法联系到当地政府防汛部门，把自己所处的方位和险情如实相告，积极寻求救援。白天可利用眼镜片、镜子在阳光照射下的反光发出求救信号；夜晚可利用手电筒及火光发出求救信号。当发现救援人员时，应及时挥动鲜艳的衣物、红领巾等物品，发出求救信号。

洪水汹涌时，切不可下水，即使游泳技术很好也不能。因为此时除了水中的漩涡、暗流等极易对人造成伤害外，上游冲下来的漂浮物也很可能将人撞昏，导致溺水身亡。在水中，还可能遇到其他危险，例如被蛇、虫咬伤；碰到倒塌的电杆上的电线，发生触电事故。所以要提高警惕、谨慎下水。

②在车内

汽车如果在不断上涨的水中熄火，此时的车就会成为"储水罐"，这是非常危险的。若在公交车内，应马上设法打开车门下车，不要拥挤，避免踩踏事故发生。下水后若水流湍急，人们可手拉手组成人墙，并逐渐向无水地区移动，这样不易被水冲倒。当打不开车门时，立即用车上的工具，如撬杠、锤子、钳子等敲碎玻璃，从车窗逃生。

若是自己驾车，在水中要非常小心地驾驶，观察道路情况。在开阔地带驾车遇到洪水时，应闭紧车窗将车迎着洪水开过去。当处在峡谷或山地时，要迅速驶向高地。如果在洪水中出现熄火现象，应立即弃车逃离。在不断上涨的洪水中，试图驱动一辆抛锚的车是十分危险的。不要企图穿越被水淹没的公路，这样做往往会被上涨的水困住。不要在弃车时犹豫，不要

让舍命不舍财的悲剧在自身上演。

③在野外

下大暴雨时，不要在河道及沟谷、洼地中行走或停留，因为这里往往是洪水最先到达的地方，也极易发生次生地质灾害。千万不要攀登电线杆，避免发生触电事故。要迅速向高坡及高处跑，或攀登到大树上，如果来不及，应立即用腰带将自己固定在树干上或抱住大树，以免疲惫不堪时被洪水冲走，应采取一切措施避免自己落入水中。

（2）落水之后怎么办

如果不幸落水，一定要冷静下来，头部尽力向后仰，口、鼻部分向上露出水面，防止影响呼吸。呼吸时呼气要浅，吸气要深，尽可能让身体浮在水面上，等待他人施救。

不要向上举起双手或者拼命挣扎，因为这样更容易使人往下沉。要尽可能抓住身边一切能够漂浮的东西，寻找机会求生。

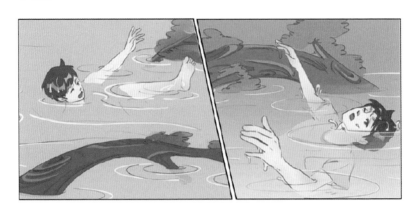

 有人遇险，尽力抢救生命

面对滚滚波涛，互帮互助也是摆脱困境的有效手段。碰上他人在水中遇险时，我们都要在力所能及的情况下伸出援助之手，争分夺秒、科学地抢救生命。

应该掌握一些基本的急救常识，如心肺复苏、人工呼吸等。这样专业救援人员到来之前，我们就可以采取科学、正确的急救方法来挽救生命。

(1) 如何正确下水救人

施救者应保持镇静，尽可能脱去外衣裤，尤其要脱去鞋靴，迅速游到溺水者附近。

对精疲力竭或者神志不清的溺水者，救护者可从头部接近；对神志清醒的溺水者，救护者应从背后接近，用一只手从背后抱住溺水者的头颈，另一只手抓住溺水者的手臂游向岸边。

如救护者游泳技术不熟练，最好携带救生圈、木板或用小船进行救援，或投下绳索竹竿等，使溺水者握住再拖带上岸。

救援时要注意，防止被溺水者紧抱身体拖拽而双双发生危险。如被抱住，不要相互拖拉，应放手自沉，让溺水者手松开，再进行救护。

(2) 如何正确抢救溺水者

发现溺水者，应立即拨打120或附近医院急诊电话请求医疗急救。

将溺水者救上岸，立即清除溺水者口鼻淤泥、杂草、呕吐物等，并打开气道，帮其吸氧。

进行控水处理（倒水），即迅速将溺水者放在救护者屈膝的大腿上，头部向下，随即按压背部，迫使吸入呼吸道和胃内的水流出，时间不宜过长（1分钟即可）。

现场对溺水者进行心肺复苏抢救，并尽快将其抬上急救车，迅速向附近医院转送。作为救护者一定要记住：对所有溺水休克者，不管情况如何，都必须从发现开始，持续进行心肺复苏抢救。

科学应对次生灾害

- 遭遇泥石流怎么办
- 遭遇山体滑坡怎么办
- 发生疫情怎么办

五

(一) 遭遇泥石流怎么办

泥石流是指存在于山区沟谷中，由暴雨、冰雪融水等水源激发的含有大量泥沙、石块的特殊洪流，常与山洪相伴，来势凶猛，短时间内冲毁道路、掩埋房屋、堵塞河道、淤埋村庄，所到之处成为泥石海洋。

（1）如何脱险

发现泥石流袭来时，千万不要顺沟方向往上游或下游跑，要向与泥石流方向垂直的两边山坡上面爬。如泥石流由北向南卷来，就要向东、西方向跑。一般黏性泥石流比稀性泥石流容易躲离。千万不要在泥石流中横渡。

转移时，不要留恋财物，要抛弃一切影响速度的物品，听从指挥，迅速撤离危险区。

（2）重要预防措施

应随时注意暴雨预警预报，提前选好躲避路线。在此前提下，留心周围环境和泥石流前兆，如听到深谷或沟内传来类似火车

轰鸣声或闷雷声，抑或轻微的振动声，哪怕极其微弱也可认定泥石流正在形成。不要停留在低洼的地方，也不要攀爬到树上躲避。尽快与有关部门取得联系，报告自己的方位和险情，积极寻求救援。

在泥石流发生前已经撤出危险区的人，暴雨停止后不要急于返回沟内住地收拾物品或清扫，应等待一段时间。

泥石流对人的伤害主要是泥浆使人窒息。为此，将压埋在泥浆或倒塌建筑物中的伤员救出后，应立即清除其口、鼻、咽喉内的泥土及痰、血等，排出体内的污水。对昏迷的伤员，应将其平卧、头后仰，将舌头牵出，尽量保持呼吸道的畅通；如有外伤应采取止血、包扎、固定等方法处理，然后转送医疗机构救治。

 遭遇山体滑坡怎么办

山体滑坡是常见的地质灾害之一，是指山体斜坡上某一部分岩土在重力作用下，沿着一定的软弱结构面（带）产生剪切位移而整体向斜坡下方移动的现象，俗称"走山""垮山""地滑""土溜"，持续降雨等多种因素都会诱发滑坡。山体滑坡发生突然，来势凶猛，破坏力巨大，经常造成重大生命财产损失。80%以上的滑坡、崩塌发生在雨季，尤其是降雨过程中或雨后一段时间最易发生。

（1）如何脱险

遇到山体滑坡时来不及转移时应保持冷静，不能慌乱，尽快向两侧稳定地区撤离。向滑坡体上方或下方跑都是危险的。

跑不出去时，应躲在坚实的障碍物下，迅速抱住身边的树木等固定物体，或蹲在地坎、地沟里。应注意保护好头部，可利用身边的衣物裹住头部。如果被泥土埋住，应尽量爬出来。实在爬不出来时，要注意防止窒息，把头部露出来，或者挖一个孔通气。

已经撤到安全地带后，可以马上参与营救其他遇险者。不要在滑坡危险期未过就返回发生滑坡的地区居住，以免二次滑坡造成新的伤害。

在抢救被滑坡掩埋的人和物时，应将滑坡体后缘的水排开，从滑坡体的侧面进行挖掘。先救人，后救物。

被埋人员被救出后，要将其置于空气流通处，迅速清除口鼻内的淤泥；若嘴唇黏膜干涸，则先用棉球蘸盐水湿润嘴唇，让其喝少量的盐糖水，然后逐渐少量地喝些豆浆、盐糖水或稀粥，注意休息，以利恢复。

(2) 重要预防措施

随时关注暴雨天气预报和地质灾害预警等信息，在野外活动时，要避开陡峭的悬崖、沟壑，以及植被稀少和非常潮湿的山坡，更不要在已出现裂缝的山坡宿营。留心身边的滑坡征兆，如出现泉水突然干枯、井水位突变等异常现象；滑坡体前缘坡脚处，土体出现上隆现象，有岩石开裂或者被剪切挤压的声响；滑坡体四周岩体出现小型崩塌和松弛现象，滑坡后缘的裂缝急剧扩张，并从裂缝中冒出热气或冷风；滑坡体前部出现横向及纵向放射状裂缝。上述现象均反映了滑坡体向前推挤并受到阻碍，已进入临滑状态。

发生疫情怎么办

（1）洪涝灾害期易发生的疾病

肠道传染病。如霍乱、伤寒、痢疾、甲型肝炎等。

人畜共患疾病和自然疫源性疾病。如钩端螺旋体病、流行性出血热、血吸虫病、疟疾、流行性乙型脑炎、登革热等。

皮肤病。如浸渍性皮炎（"烂脚丫""烂裤裆"）、虫咬性皮炎。

意外伤害。如溺水、触电、中暑、外伤、毒虫蜇伤、毒蛇咬伤。

食物中毒和农药中毒。

（2）防疫注意事项

洪水发生后，我们应向卫生防疫部门派出的医疗防疫队寻求救治。还可以去灾民集中安置区设置的固定医疗点领取防病治病的药品。

①环境要整治

洪水退去后，应清除住所外的污泥，垫上沙石或新土；清除井水污泥并投放漂白粉消毒；及时清洁自己的居住环境，能有效防控疾病的发生。应将家具清洗后再搬入居室；整修厕所，修补禽畜棚圈。

②家畜要管理

猪要圈养，搞好猪舍卫生，不让其粪尿直接排入河水、湖水、塘水中，猪粪等要发酵后再使用；管好鸡、狗等动物；家畜家禽棚圈要经常喷洒灭蚊药。

③媒介生物要控制

开展防蝇灭蝇、防鼠灭鼠、防螨灭螨等工作；粪缸、粪坑中加药杀蛆；室内用苍蝇拍灭蝇，食物用防蝇罩遮盖；动物尸体要深埋，覆盖的土层要夯实；发现老鼠异常增多时，要及时向有关部门报告。

④不要接触疫水

在血吸虫病流行区，接触疫水前，应在可能接触疫水的部位涂抹防止血吸虫尾蚴侵入的防护霜，穿戴胶靴、胶手套、胶裤等防护用具。接触了疫水应主动去血防部门检查，发现被感染后应及早治疗，以防发病。

⑤不要病从口入

注意饮水安全。洪水暴发后，被污染的水源容易引发流行病。不喝生水，装水的缸、桶、锅、盆等必须保持清洁；对取自井水、河水、湖水、塘水的临时饮用水，尽量用漂白粉消毒，并且一定要烧开再饮用；对浑浊度大、污染严重的水必须先加明矾澄清；有条件的地方还可以用瓶装水或净水器过滤。

注意饮食卫生。不吃腐败变质或被污水浸泡过的食物，不吃淹死、病死的禽畜和水产品；食物生熟要分开；碗筷要清洁消毒后使用。